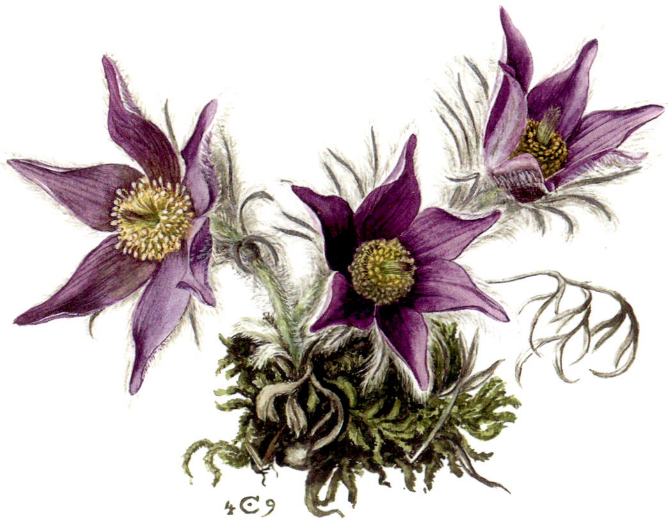

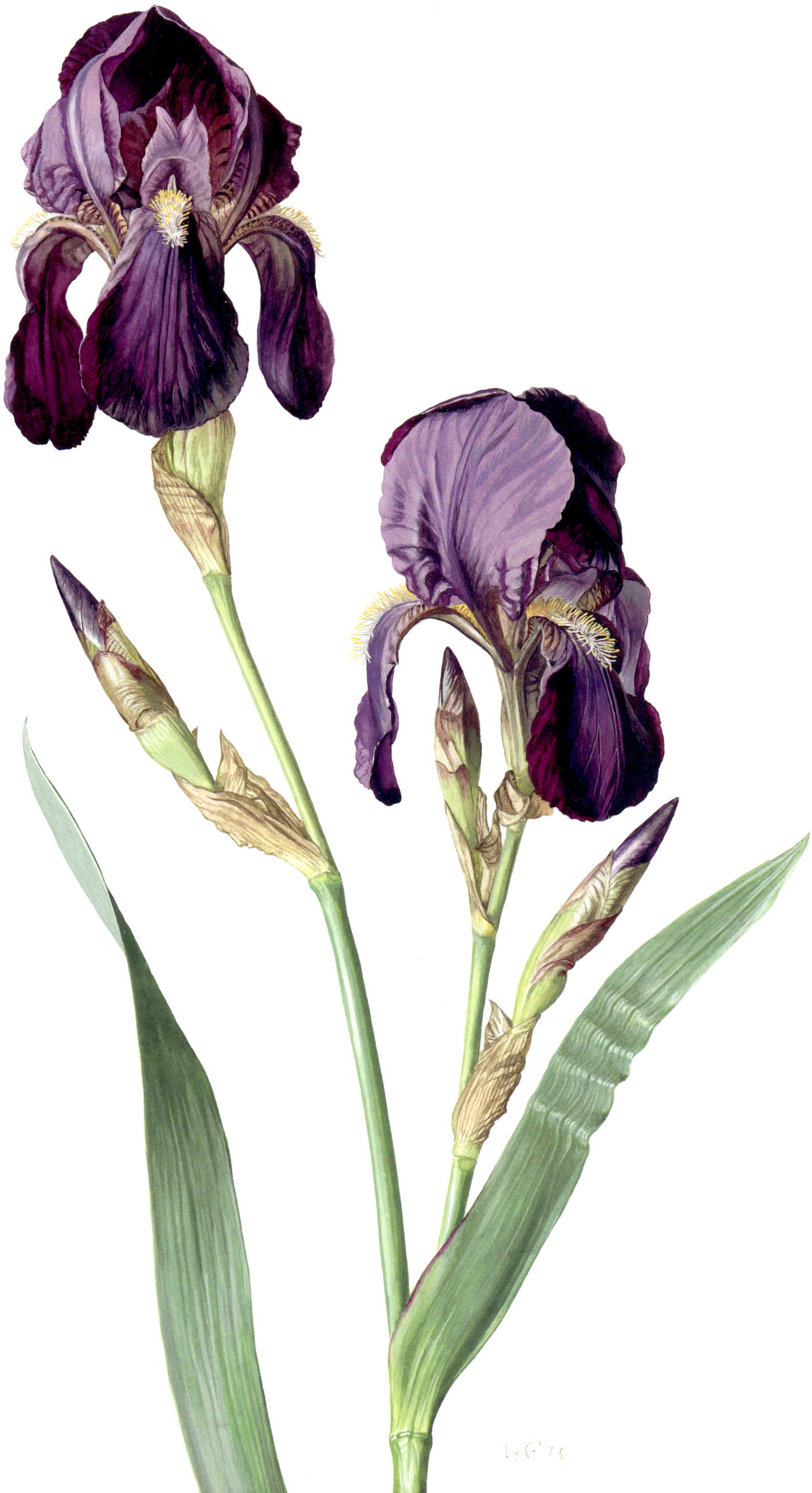

CLAUS CASPARIs
BLUMENBILDER

NATUR SICHTEN

blv

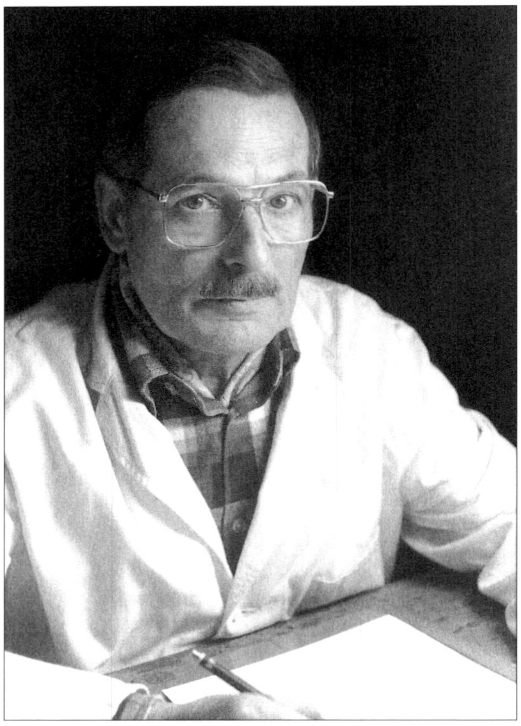

Vorwort

»Seine Arbeit war eine Hommage an die Natur. Ihr hat er seine Kraft und seine Liebe gewidmet.« So erzählt Stefan Caspari über seinen Vater Claus. Einen Großteil seines Lebens hat Claus Caspari mit dem minutiösen Zeichnen von Tieren, Pflanzen und Mineralien verbracht. Er hat es dabei zu einer Vollkommenheit gebracht wie kaum ein zweiter zeitgenössischer Künstler.

Dabei war sein Weg nicht erkennbar vorgezeichnet. Nach dem Abitur wurde der 1911 geborene Münchener zunächst Kunsthändler. Vielleicht hat er mit dieser Wahl bereits seine Affinität zum Schönen, Kunstvollen zum Ausdruck bringen wollen. Auf jeden Fall hat er spätestens ab 1936 gezeichnet – zunächst in seiner Freizeit als Autodidakt.

Claus Casparis Motive waren von Anfang an der Natur entnommen: den Wiesen und Wäldern der Umgebung – oder sie spiegelten besondere Eindrücke eines Urlaubs wider, vorzugsweise am Gardasee. Etwa 1948/1949 fasste er dann den Entschluss, sich ausschließlich der Malerei zu widmen.

Im Kronen-Verlag, Hamburg, erschienen dann ab 1951 umfangreiche Tafelwerke von Claus Caspari. Er illustrierte Bücher für Droemer Knaur, Kosmos und BLV, darunter so bekannte Werke wie die Alpenflora von Hegi oder den BLV Pflanzenführer mit über 1150 Arten. Er malte Blumen, Pilze, Insekten und Fische, aber auch Schnecken und Mineralien.

Wichtigstes Anliegen war ihm stets die detailgetreue und dennoch lebendige Wiedergabe. Deshalb zeichnete er ausschließlich nach der Natur. Er arbeitete eng mit dem damaligen Technischen Leiter des Botanischen Gartens in München, Gartenoberamtmann Wilhelm Schacht zusammen. Um stets Zugang zu seinen geliebten Pflanzen zu haben, besaß er einen eigenen Schlüssel zu den Gartenanlagen. Und wenn es darum ging, die heimischen Fische lebensecht darzustellen, dann musste schon mal die Familienbadewanne für mehrere Wochen als Aquarium herhalten.

Um seinen hohen Ansprüchen hinsichtlich Genauigkeit und plastischer Darstellung gerecht zu werden, arbeitete er überwiegend mit Aquarellfarben. Kaum ein Pinselstrich konnte ihm fein genug sein, weshalb er oft den Pinsel zwischen den Lippen zu einer Spitze auszog. Seine ausgewogene, naturgetreue Darstellungsweise brachte ihm viele Bewunderer ein – und die Möglichkeit zu verschiedenen Ausstellungen, darunter in der renommierten Hunt Botanical Library in Pittsburgh/USA.

Zu den Höhepunkten seines Schaffens zählen zweifellos die »Wiesenstücke«, die einen Ausschnitt des typischen Pflanzenbestandes einer Wiese zeigen – vor Ort über mehrere Tage entstanden und äußerst präzise und harmonisch in Szene gesetzt.

Im Jahr 1980 verstarb Claus Caspari im Alter von 69 Jahren. Sein Nachlass wird von seiner Tochter Andrea und seinem Sohn Stefan verwaltet, die auch die Auswahl für dieses Buch getroffen haben. Das letzte Bild, das Claus Caspari vollenden konnte, war »Dingel mit Mäusedorn und Spargel«. Sie finden es auch in diesem Buch abgebildet.

Rose 'Märchenland'

Rosa-Hybride

Botanischer Garten München-Nymphenburg, Herbst 1952

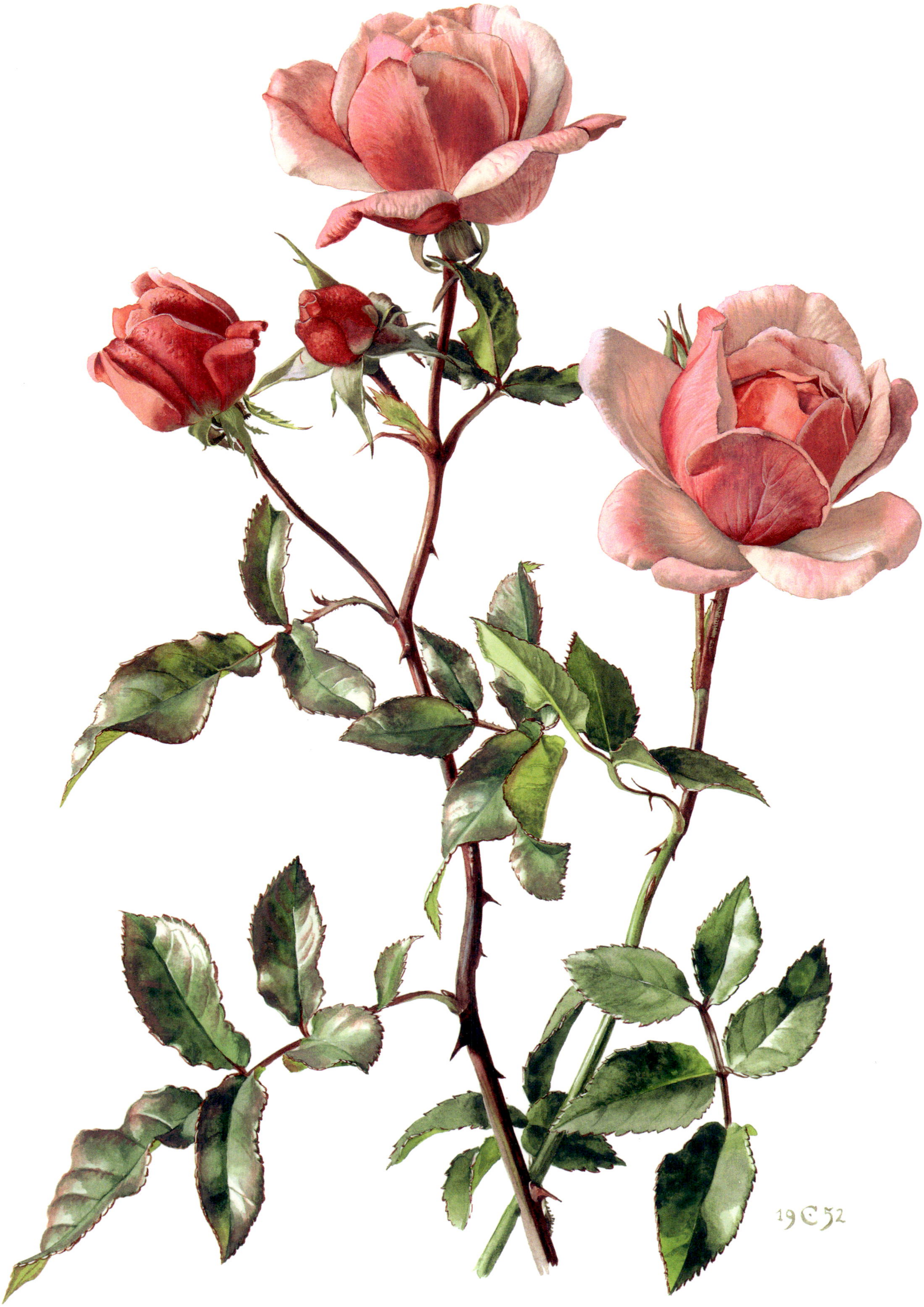
19C52

Breitblättriges Knabenkraut

Dactylorhiza majalis

Weitere Pflanzen

Niedrige Schwarzwurzel, *Scorzonera humilis*
Kleiner Klappertopf, *Rhinanthus minor*
Sumpf-Pippau, *Crepis paludosa*
Davalls-Segge, *Carex davalliana*
Hirse-Segge, *Carex panicea*
Breitblättriges Wollgras, *Eriophorum latifolium*
Gewöhnlicher Hornklee, *Lotus corniculatus*

bei Lenggries, 7.–10.6.1979

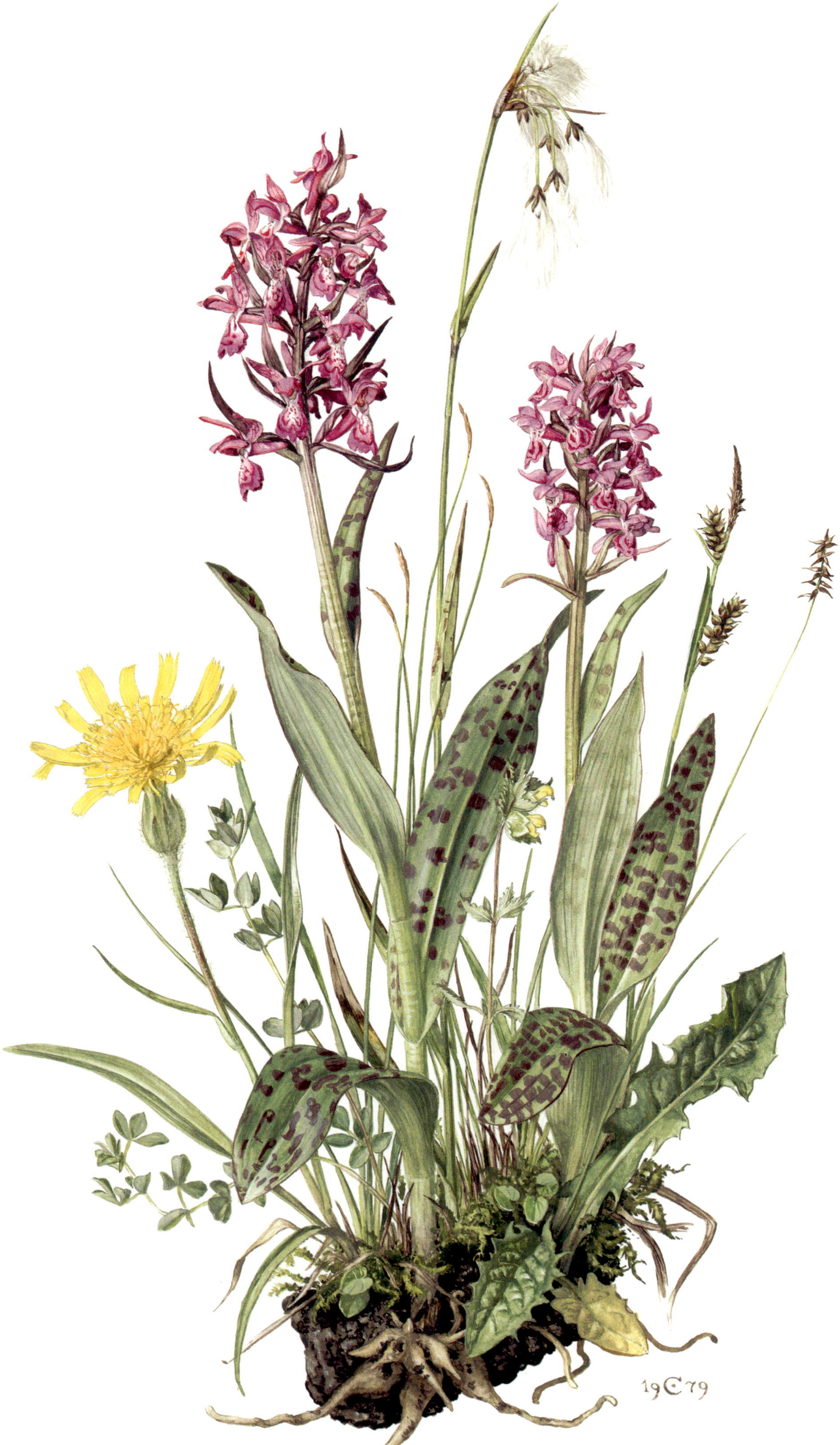
19C79

Frauenschuh, Venusschuh

Paphiopedilum × ansorgei

Botanischer Garten München-Nymphenburg, 1968

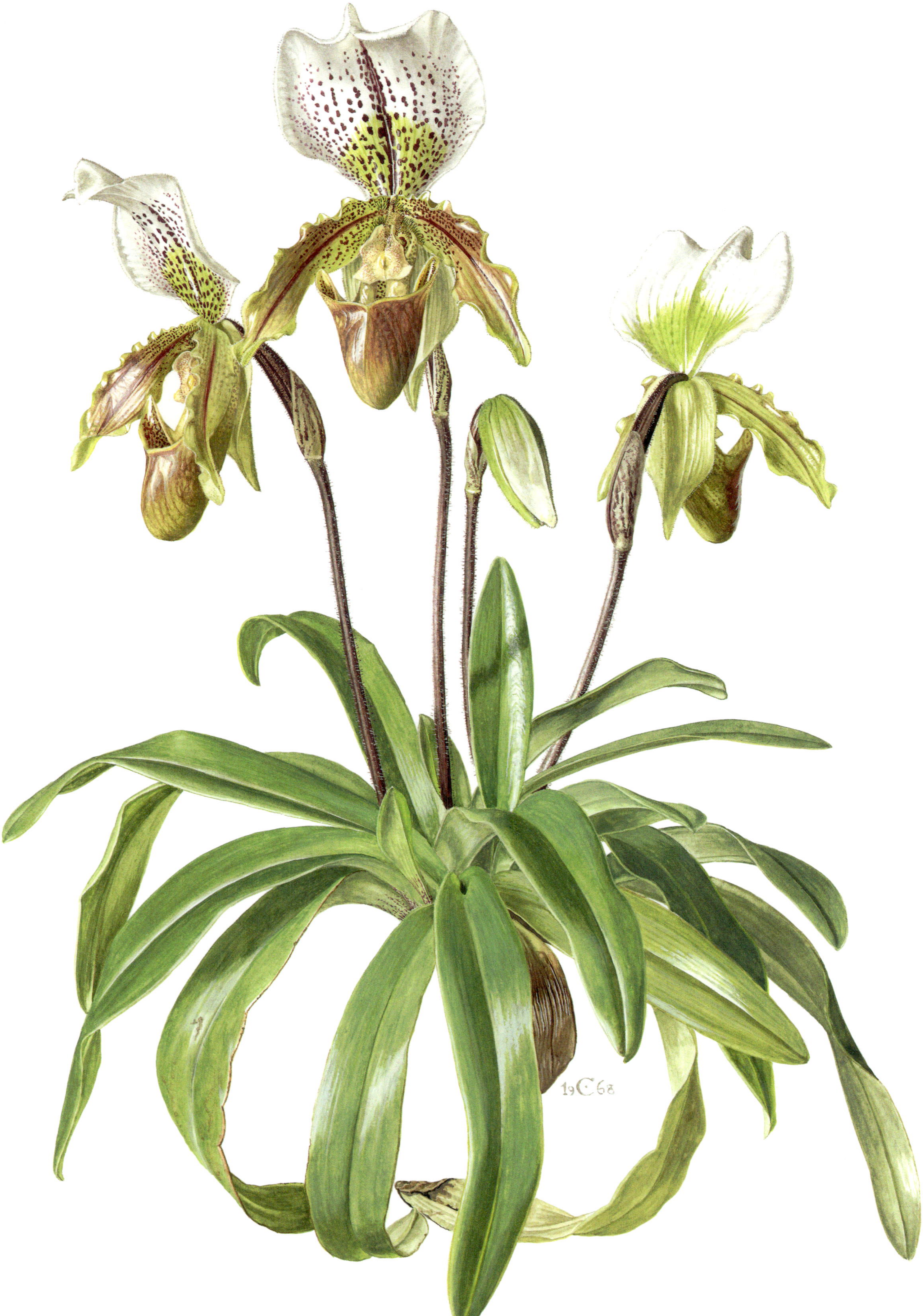

Gewöhnliche Pestwurz

Petasites hybridus

1973

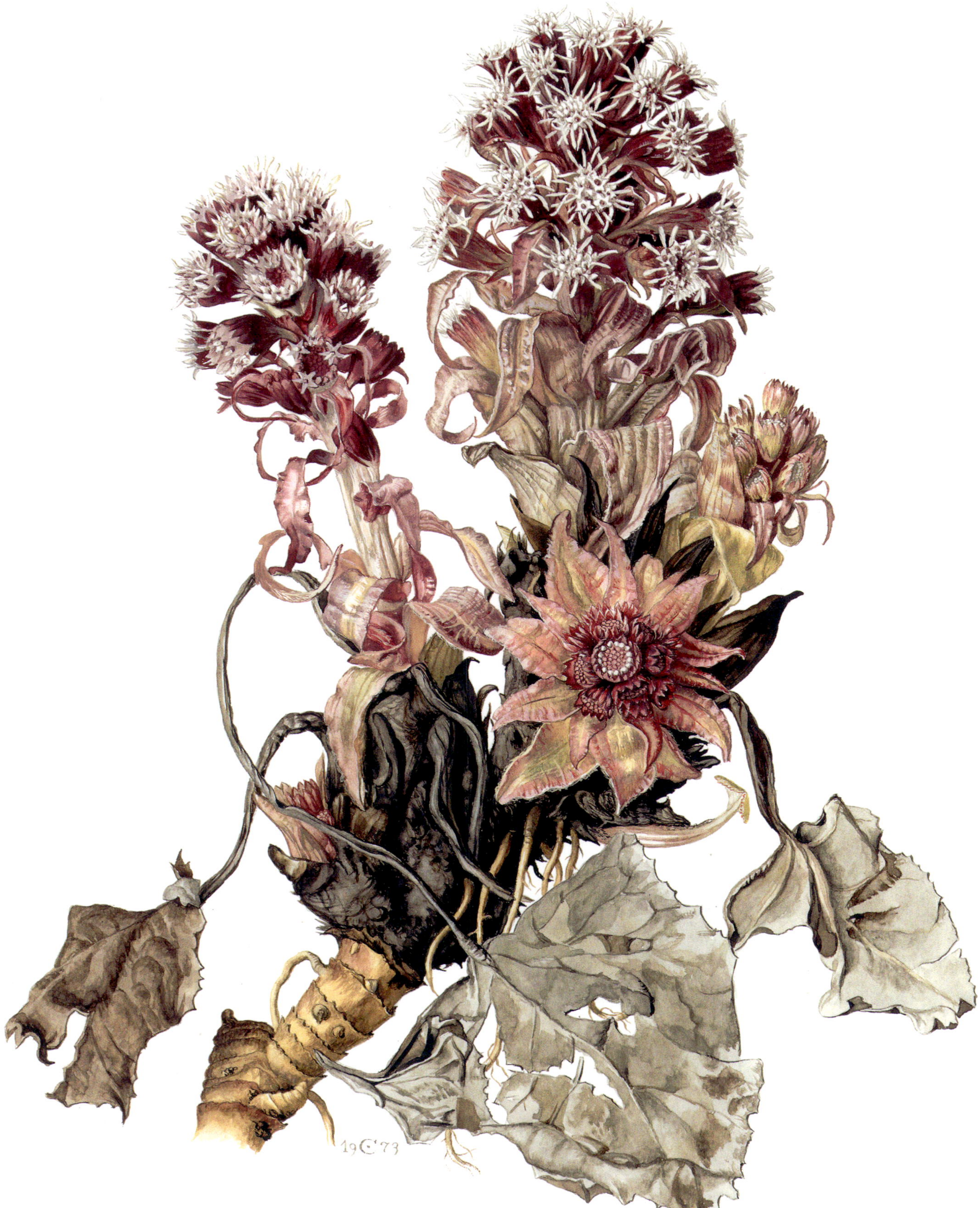
19C'73

Paradiesvogelblume, Königs-Strelitzie

Strelitzia reginae

Botanischer Garten München-Nymphenburg, 1960

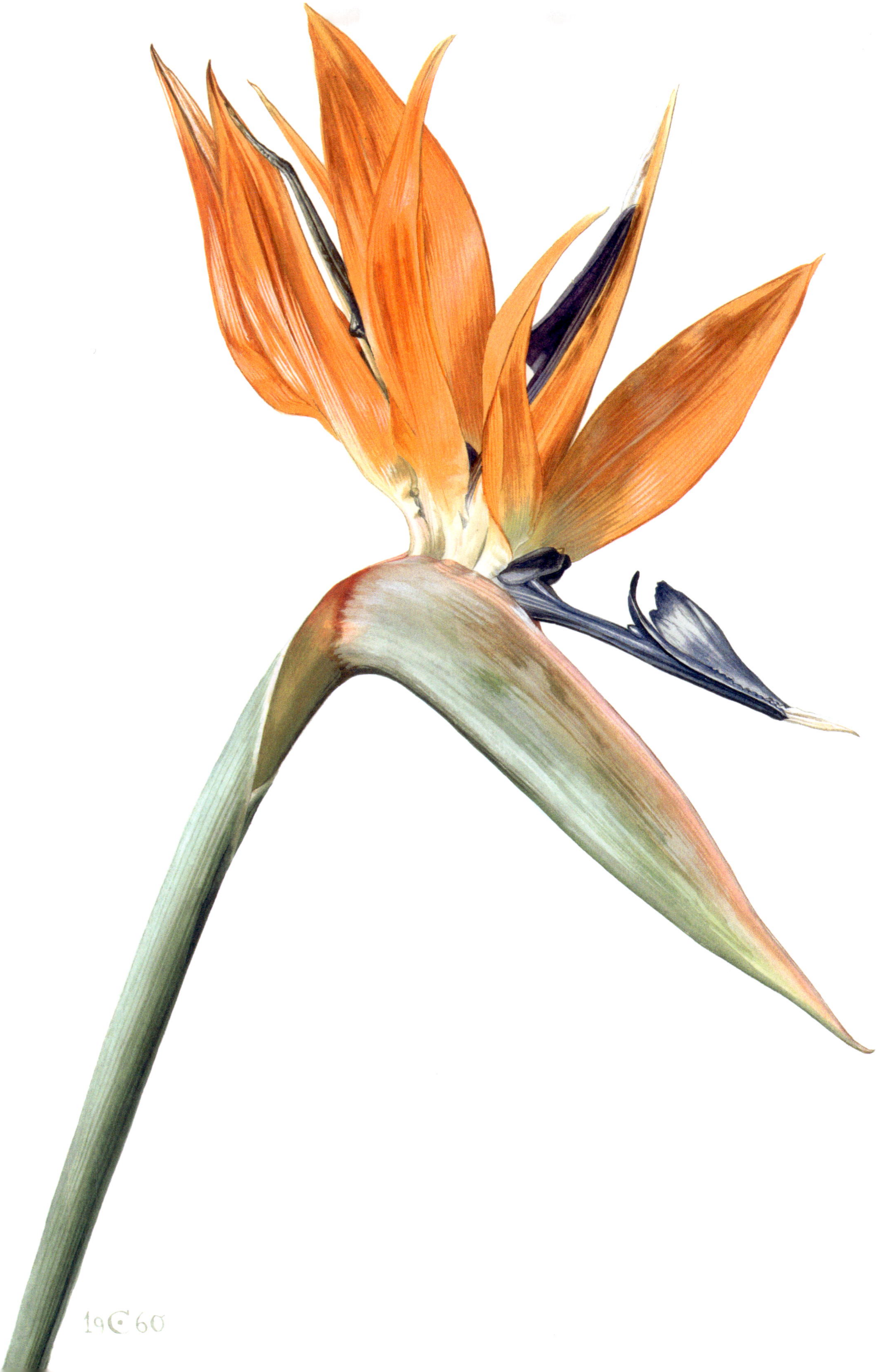

Zitrone,
blühender und fruchtender Zweig
Citrus limon

aus Amalfi, 1959

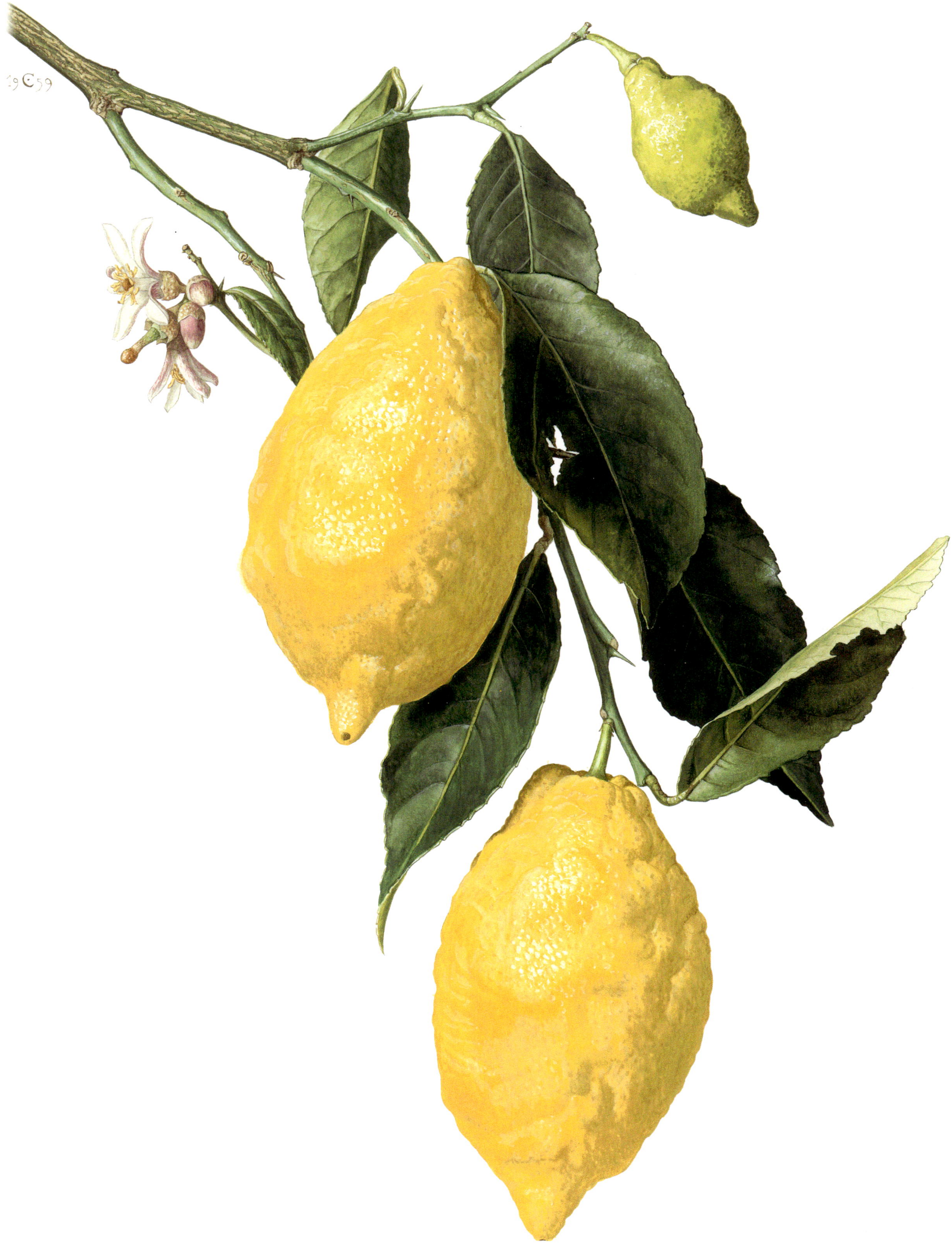
19C59

Miltonie 'Hannover', Stiefmütterchenorchidee

Miltonia-Hybride

Botanischer Garten München-Nymphenburg, 23.11.1963

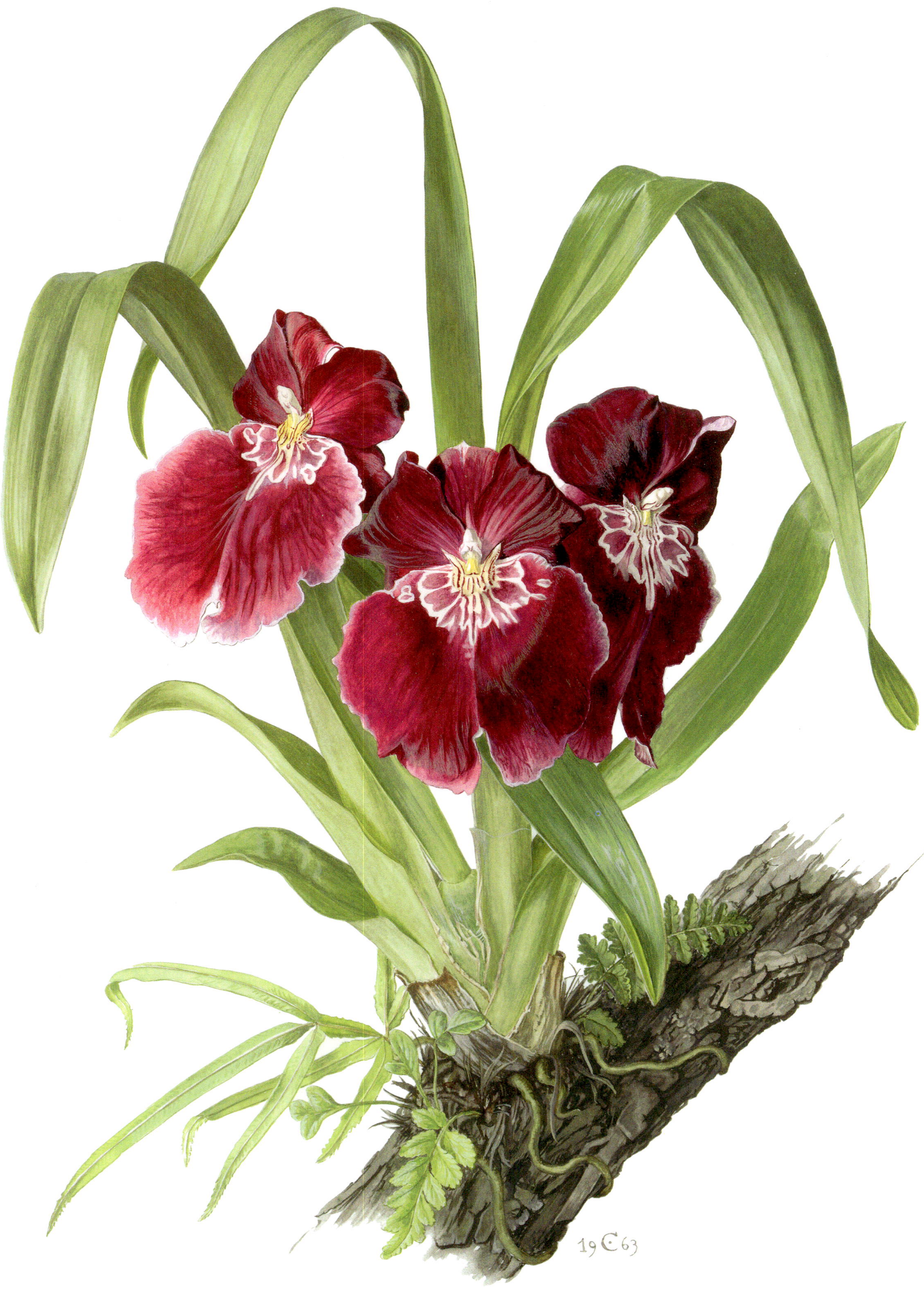
19C63

Schwarzes Kohlröschen

Nigritella nigra

WEITERE PFLANZEN

Gewöhnliche Mücken-Händelwurz, *Gymnadenia canopsea*
Bärtige Glockenblume, *Campanula barbata*
Kleines Habichtskraut, Mäuseohr, *Hieracium pilosella*
Borstgras, *Nardus stricta*

Borstgrasrasen des Sunnangers b. Gerlos, ca. 1400 m, 1980

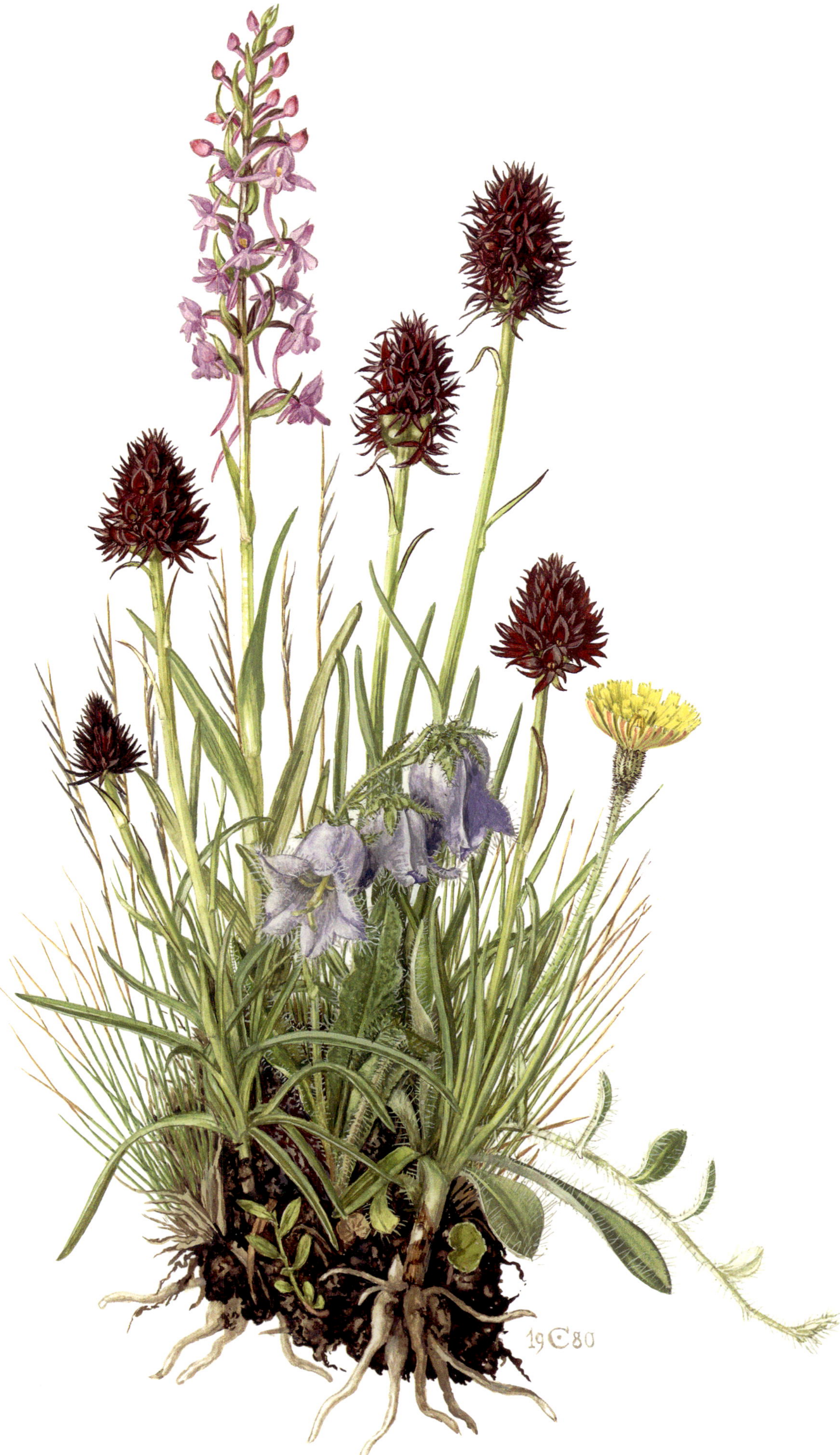

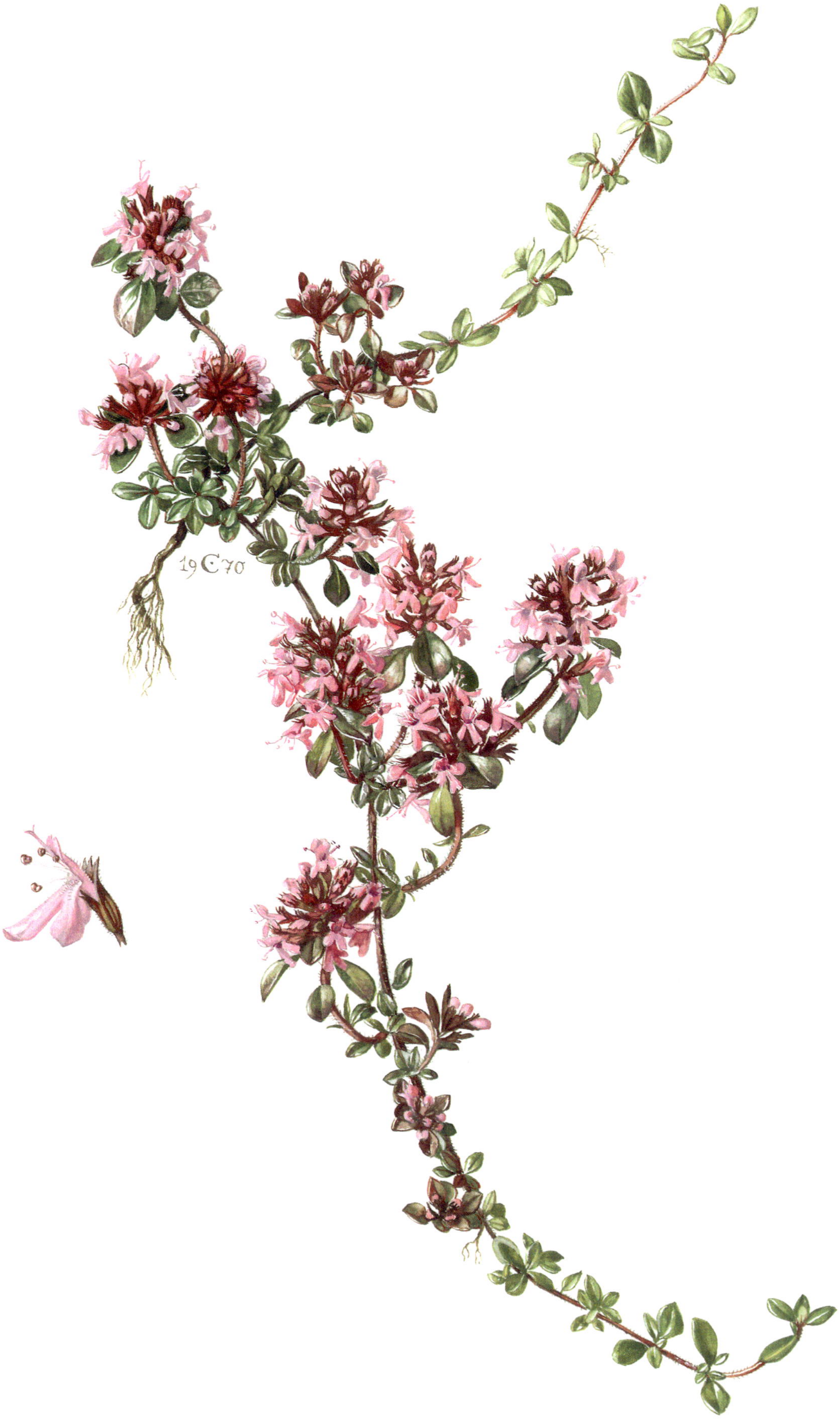
19C70

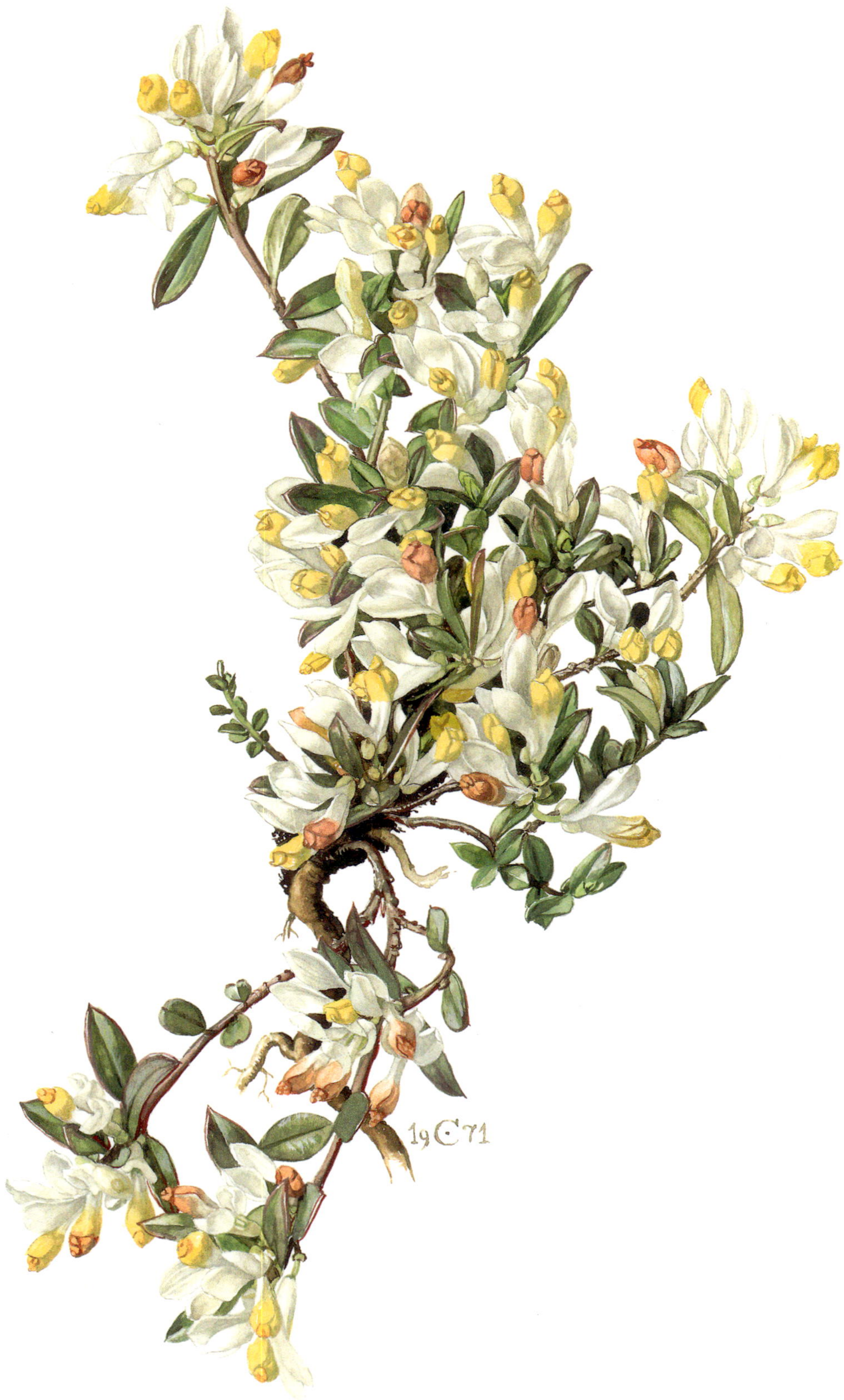

Abbildungen auf der vorhergehenden Doppelseite

Frühblühender Thymian

Thymus serpyllum ssp. *praecox (Thymus praecox)*

1970

Buchsbaumblättrige Kreuzblume, Zwergbuchs

Polygala chamaebuxus

1971

Schwarz-Pappel,

männliche (Hauptbild) und weibliche (Nebenbild) Blütenkätzchen

Populus nigra

1976

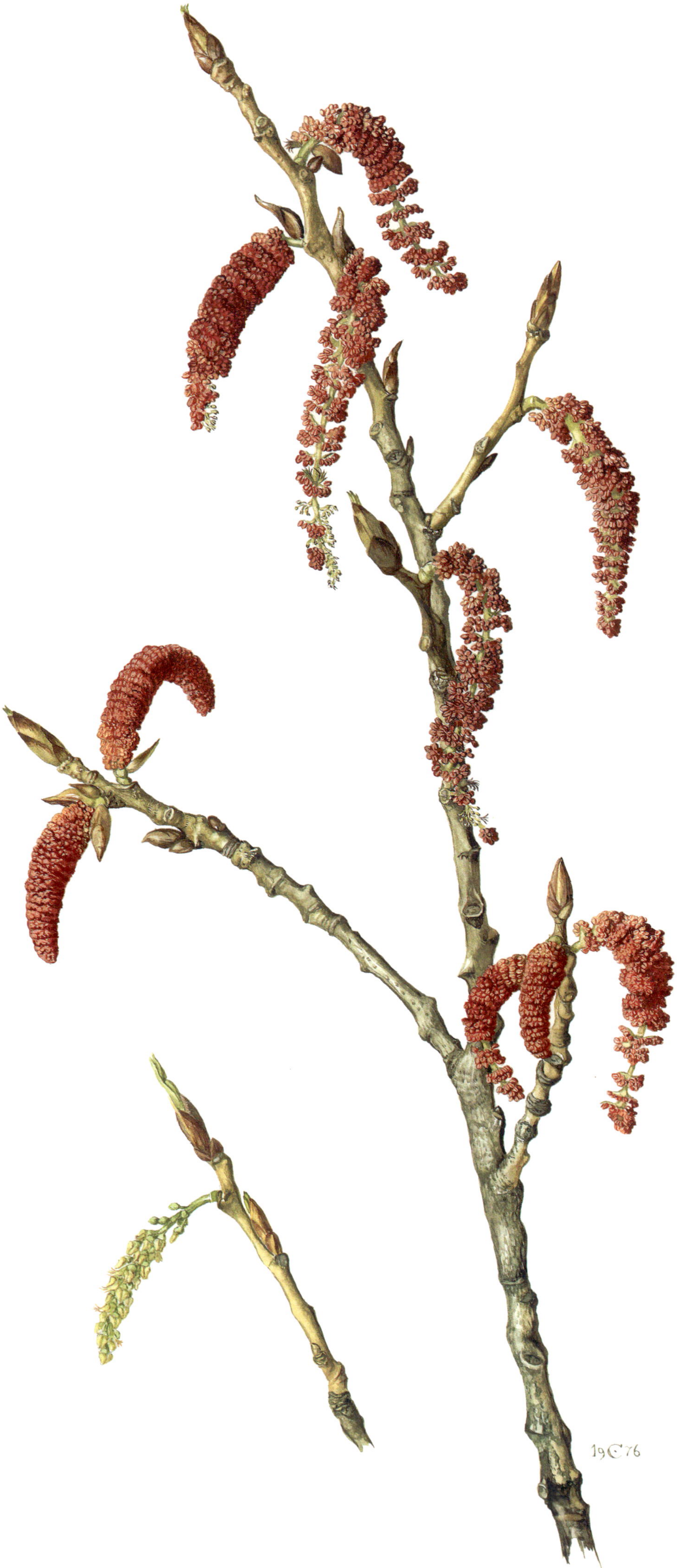
19C76

Pfirsichblättrige Glockenblume

Campanula persicifolia

Weitere Pflanzen

Wiesen-Rispengras, *Poa pratensis*
Wiesen-Goldhafer, *Trisetum flavescens*
Wald-Flattergras, Waldhirse, *Milium effusum*

1978

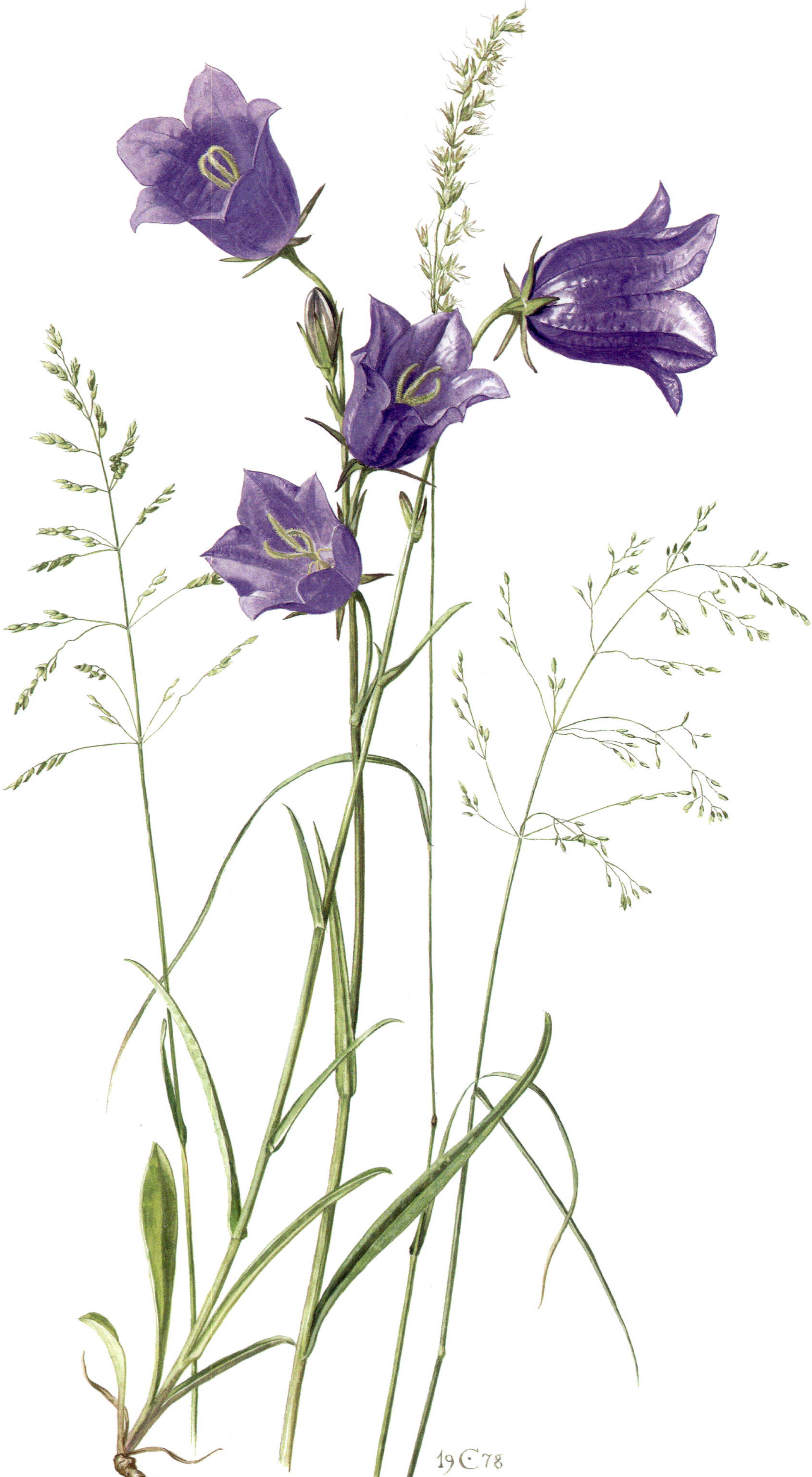
19 C 78

Gewöhnliche Haselwurz

Asarum europaeum

1965

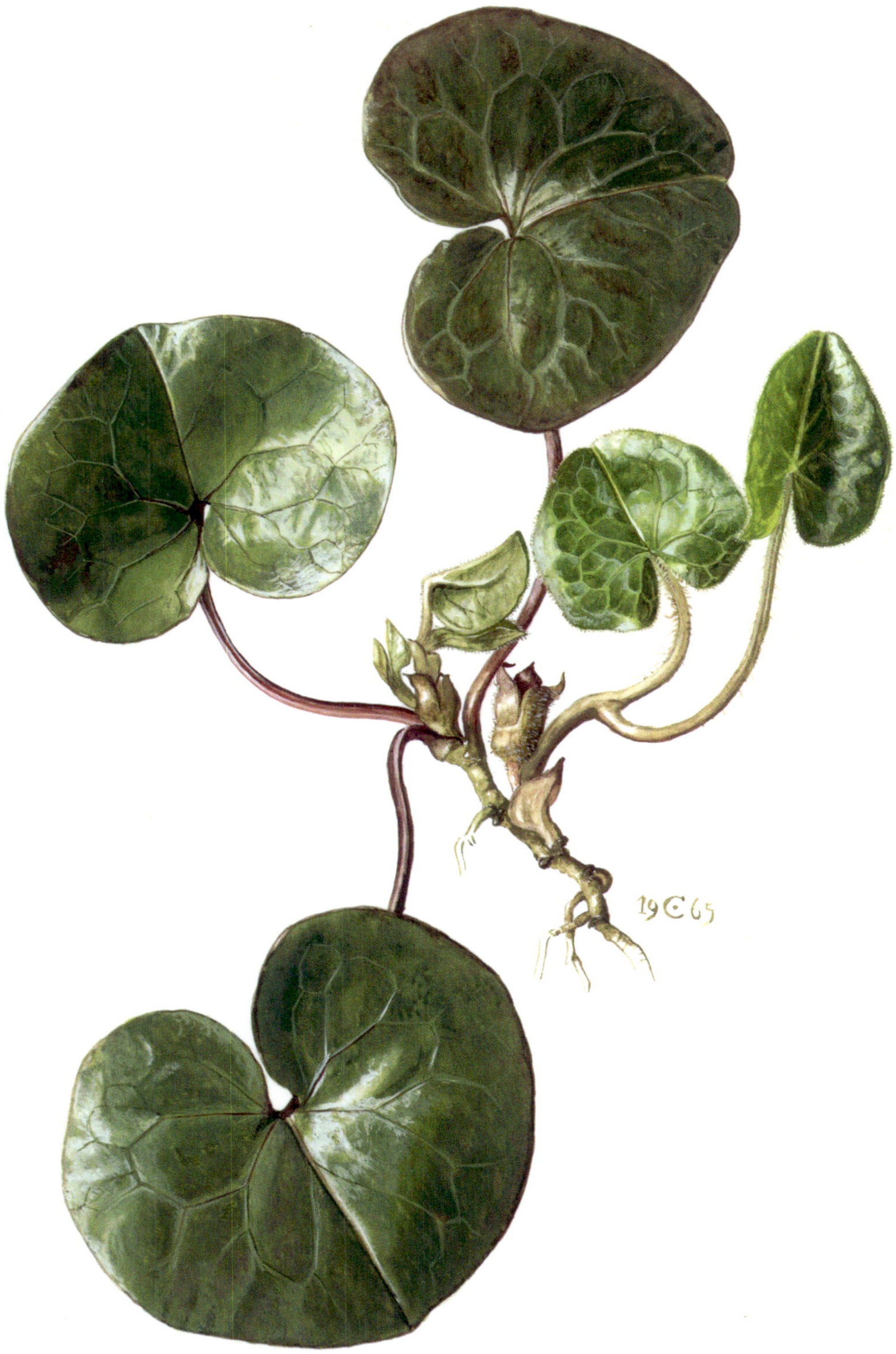

Malayenblume, Schmetterlingsorchidee

Phalaenopsis-Hybride

Botanischer Garten München-Nymphenburg, 1979

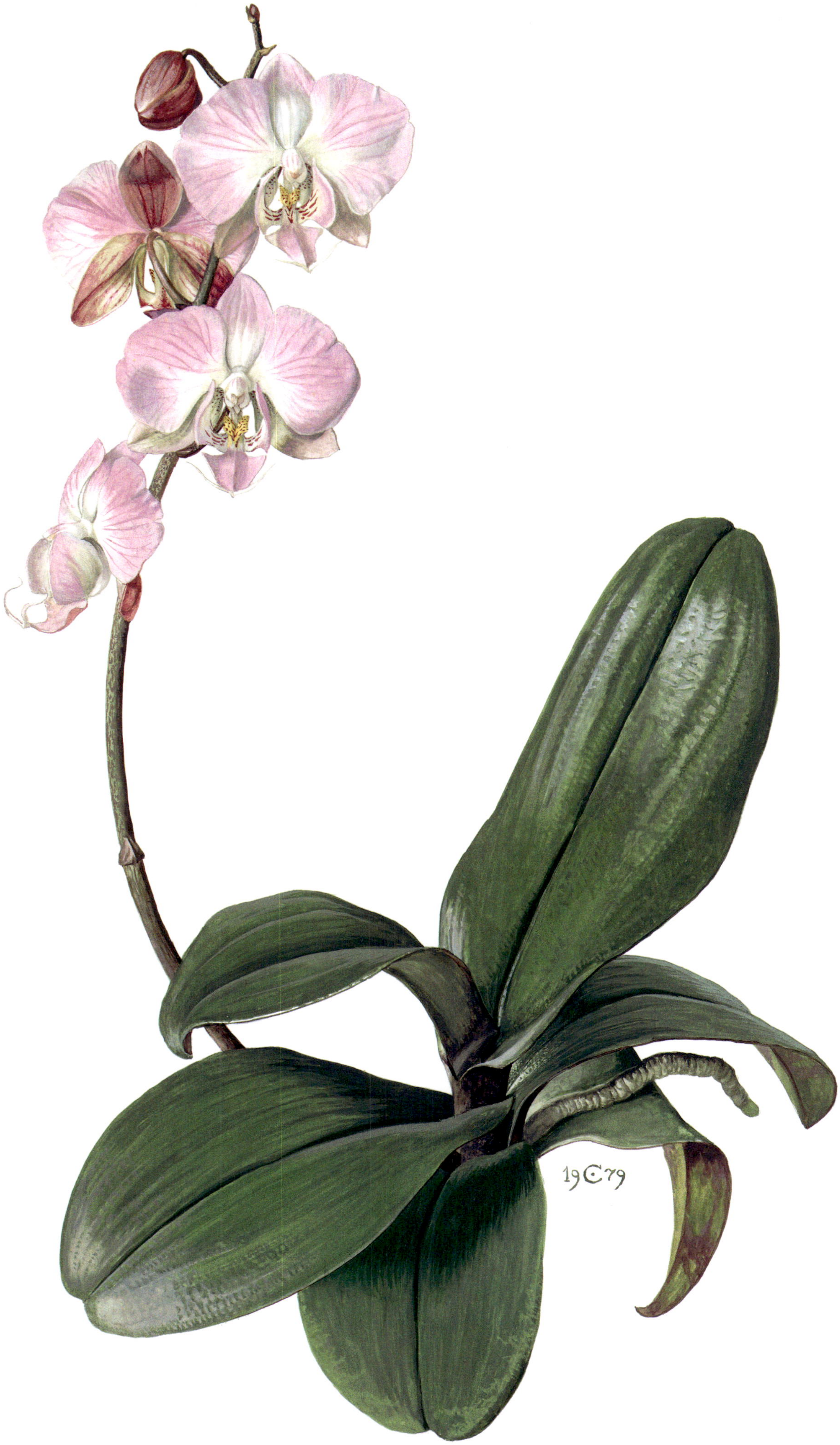
19C79

Gelber Frauenschuh, Marien-Frauenschuh

Cypripedium calceolus

WEITERE PFLANZEN

Fliegen-Ragwurz, *Ophrys insectifera*
Rosmarin-Seidelbast, Heideröschen, *Daphne cneorum*
Gelbe Spargelerbse, *Lotus siliquosus (Tetragonolobus maritimus)*

1971

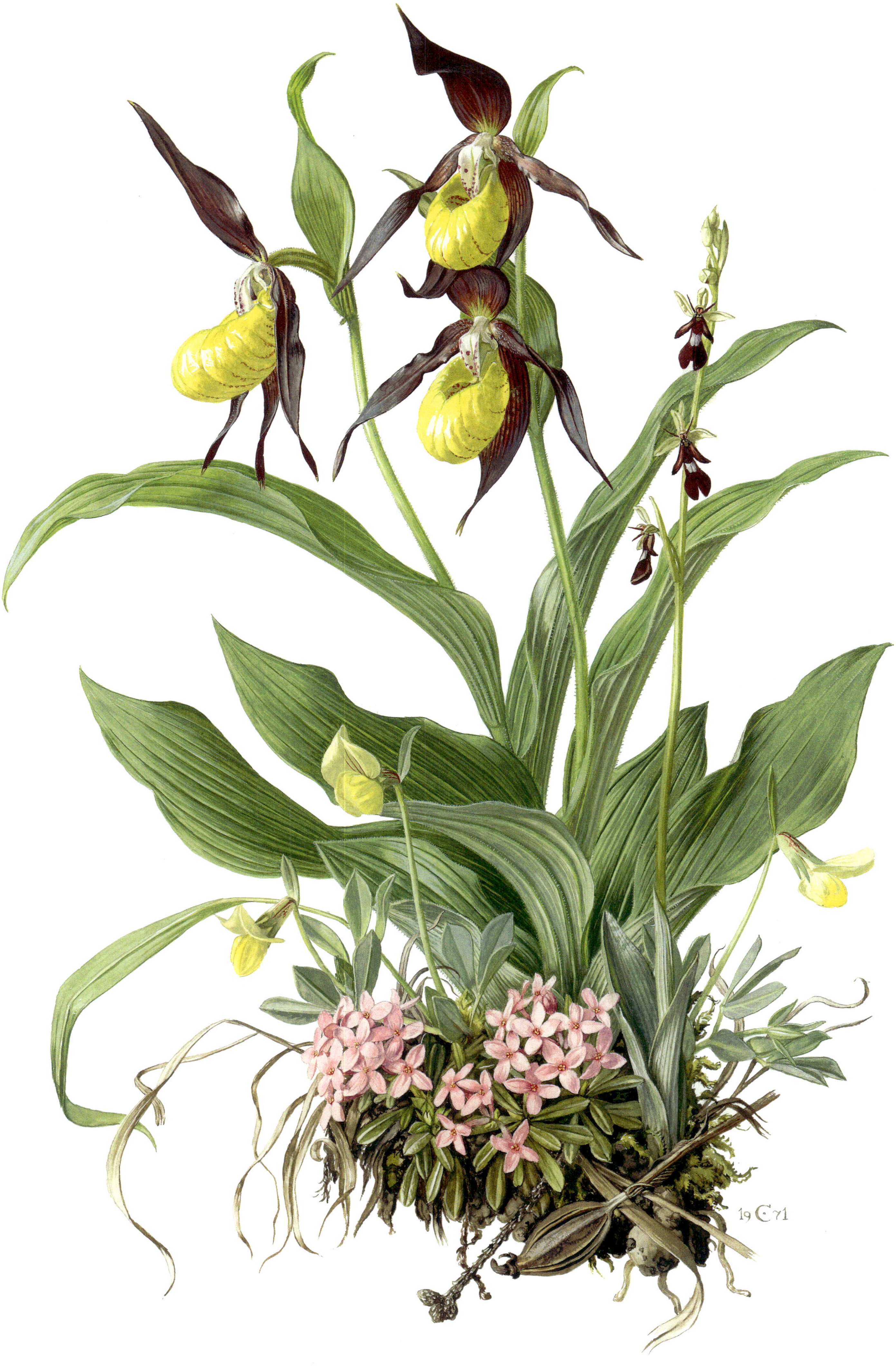
19 C 71

Duft-Wicke, Duftende Platterbse

Lathyrus odoratus

1957

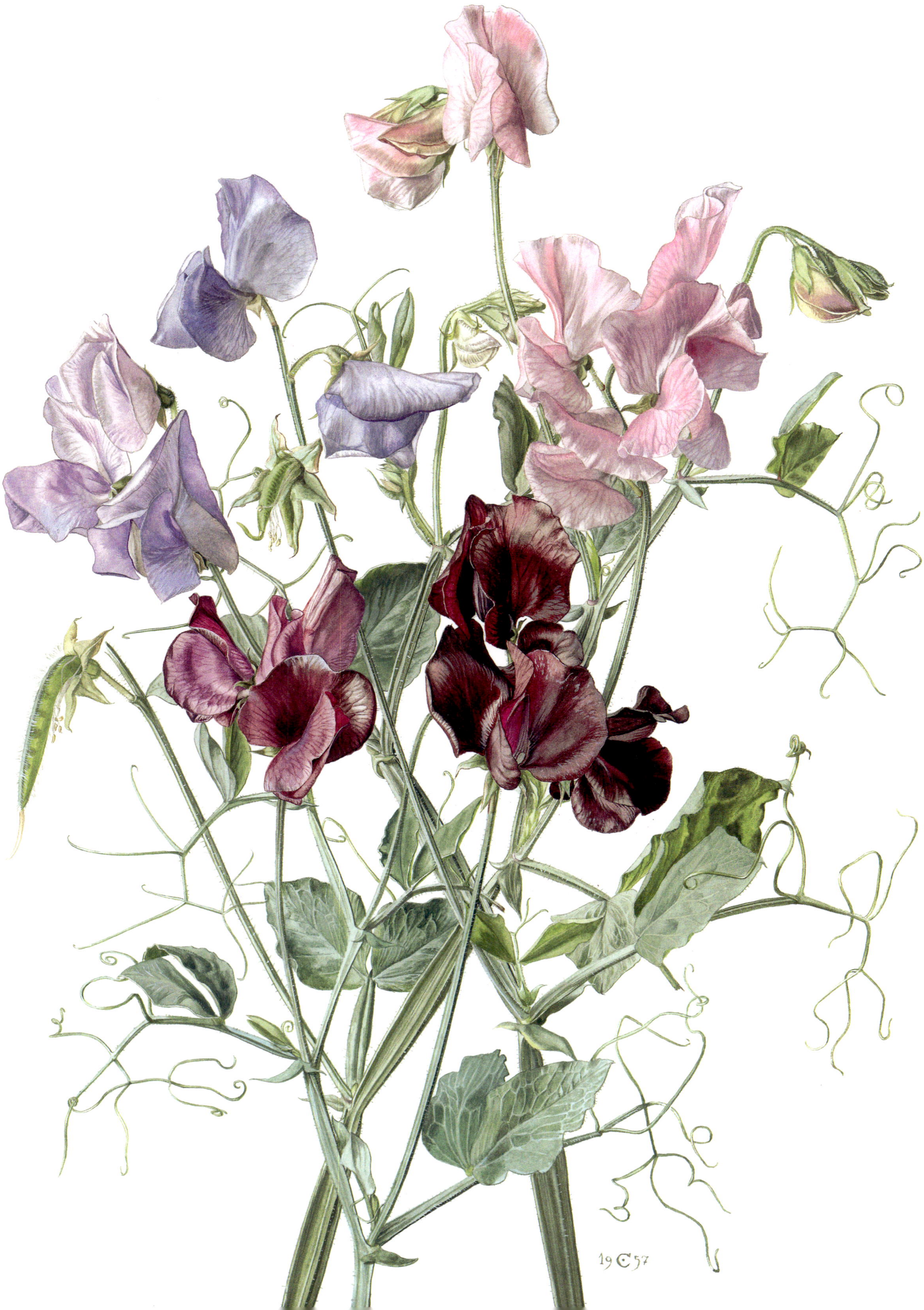
19C57

Stendelwurz, Pflugschar-Zungenständel

Serapias vomeracea

WEITERE PFLANZEN

Schmetterligs-Knabenkraut, *Orchis papilionacea* ssp. *papilionacea*
Echtes Federgras, *Stipa pennata*
Wolfsmilch, *Euphorbia* sp.

Trockenhänge unter Punta Manerba, BS, 31.5.–3.6.1979

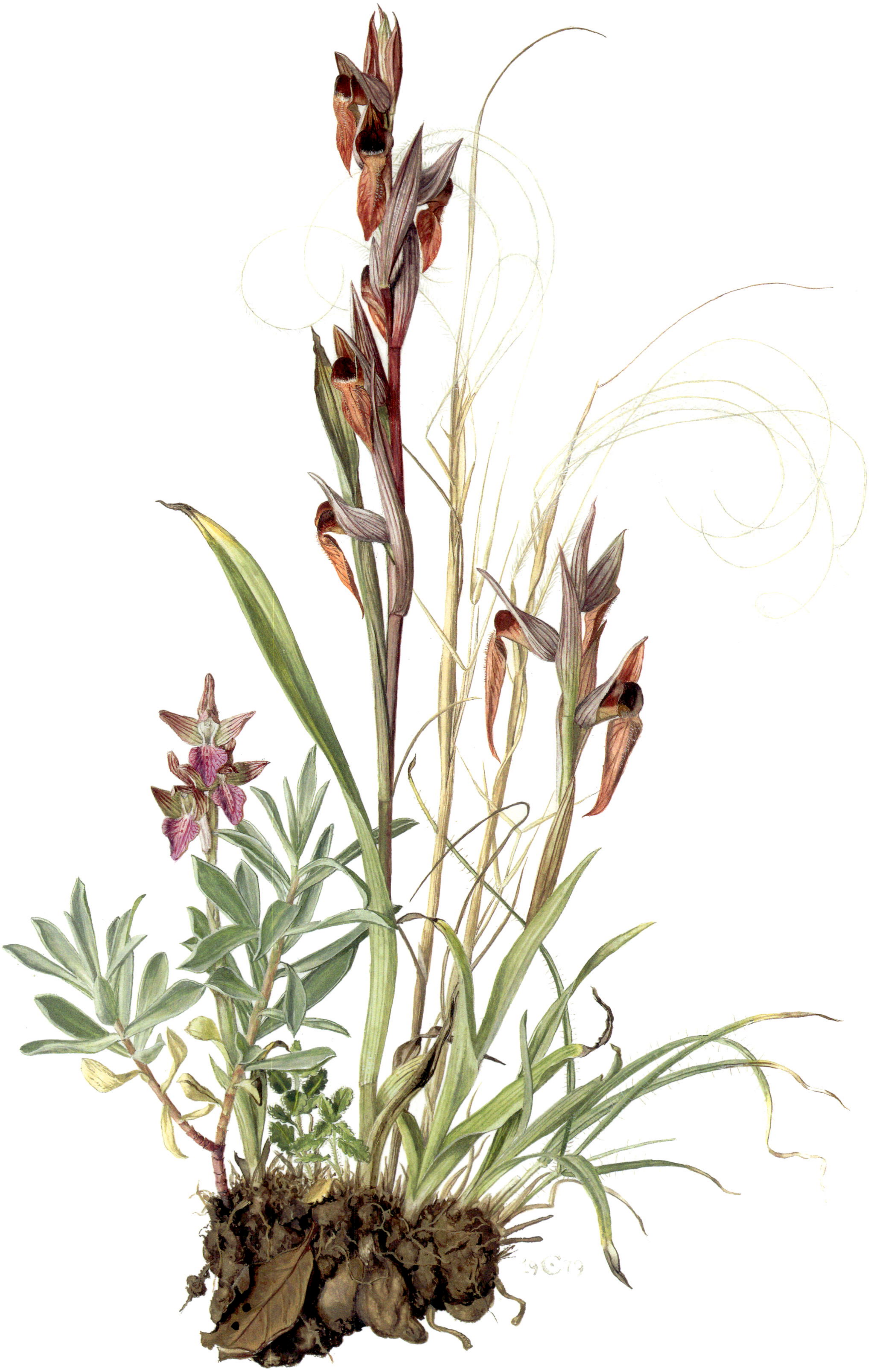

Tigerorchidee

Odontoglossum grande (Rossioglossum grande)

Botanischer Garten München-Nymphenburg, 26.11.1971

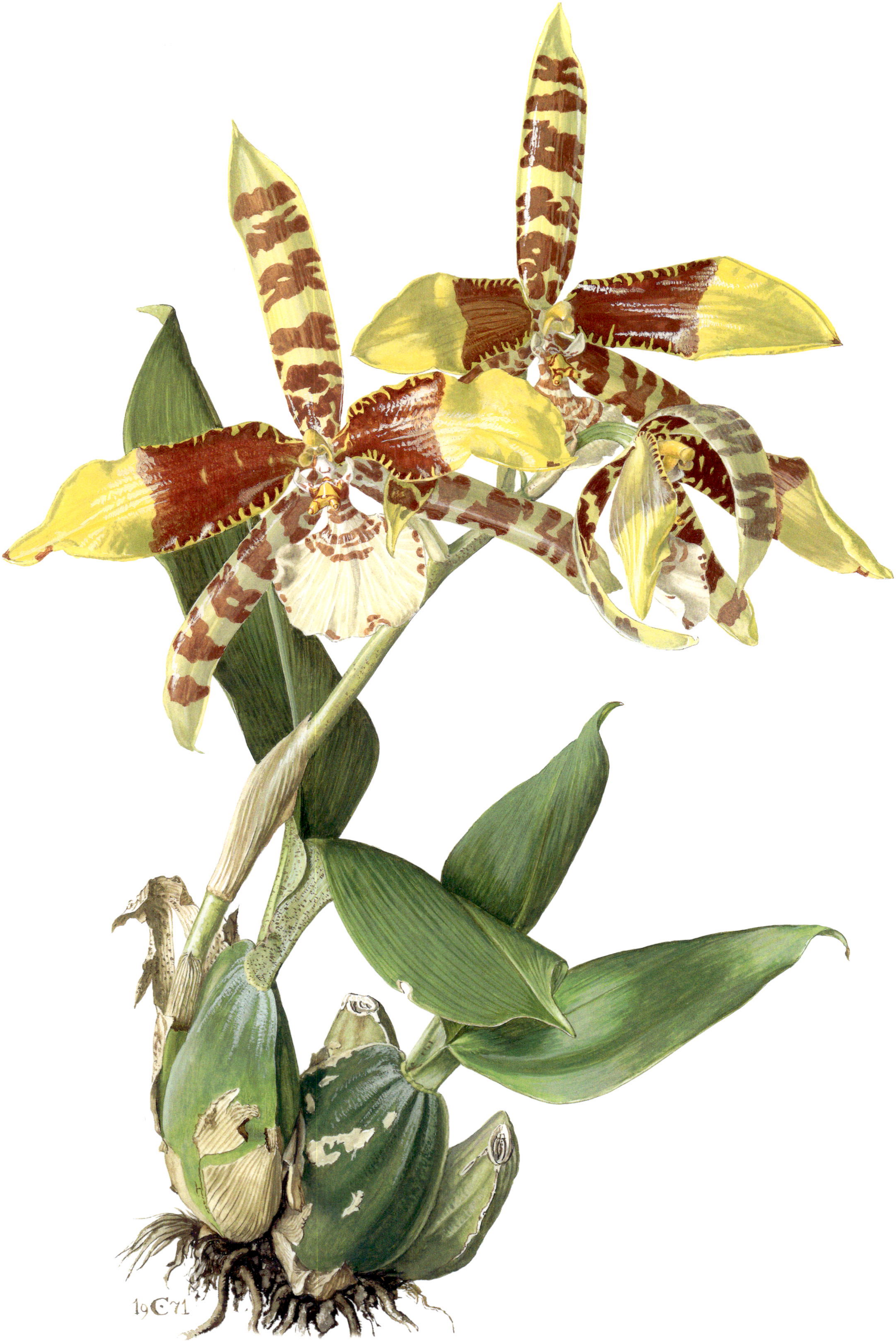
19C71

Alpen-Mannstreu

Eryngium alpinum

Botanischer Garten München-Nymphenburg, 1972

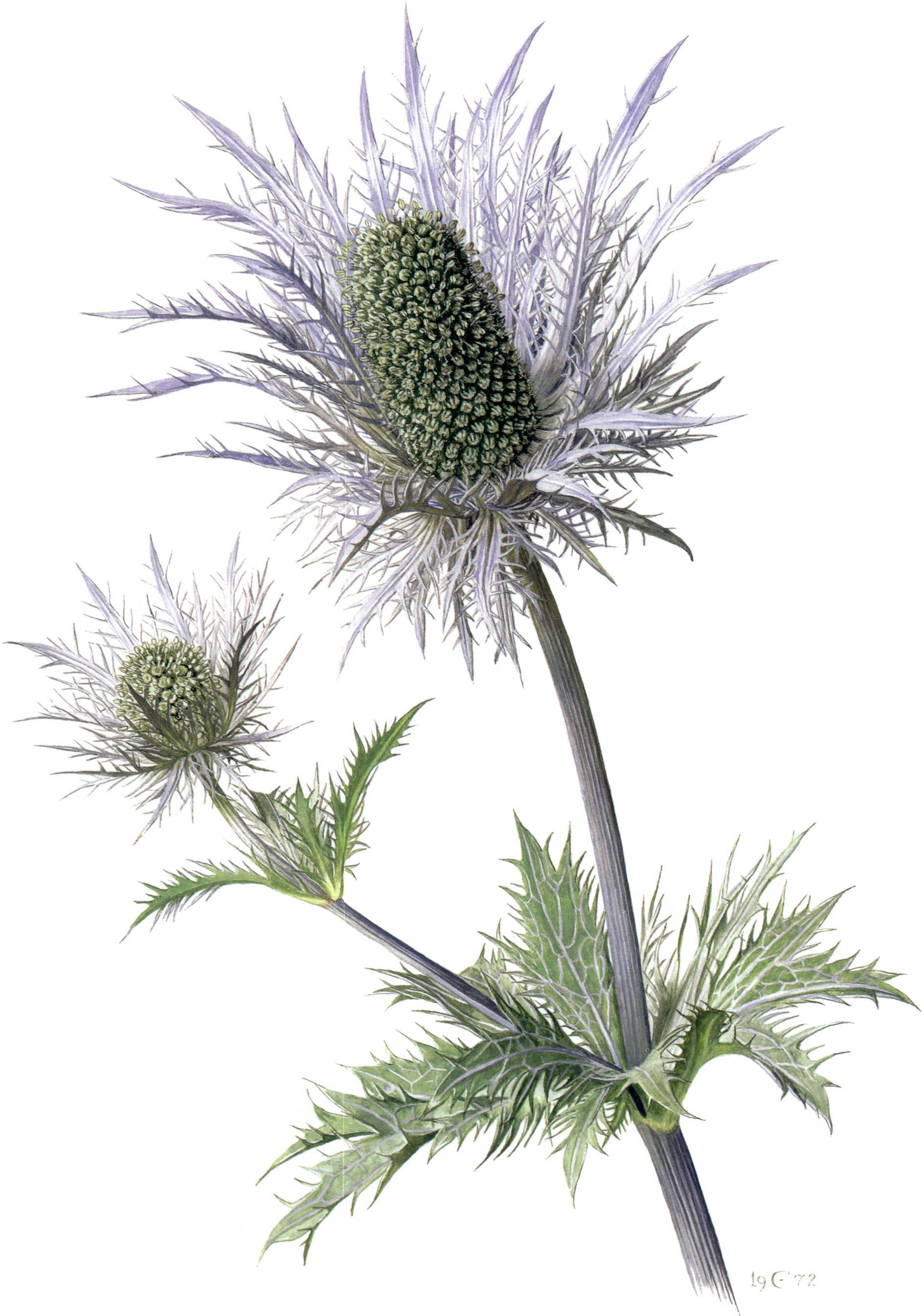
19 C 72

Dendrobium

Dendrobium superbum var. *grandiflora (Dendrobium anosmum)*

Botanischer Garten München-Nymphenburg, 1958,
Wurzelwerk farblich überarbeitet 22.1.1979

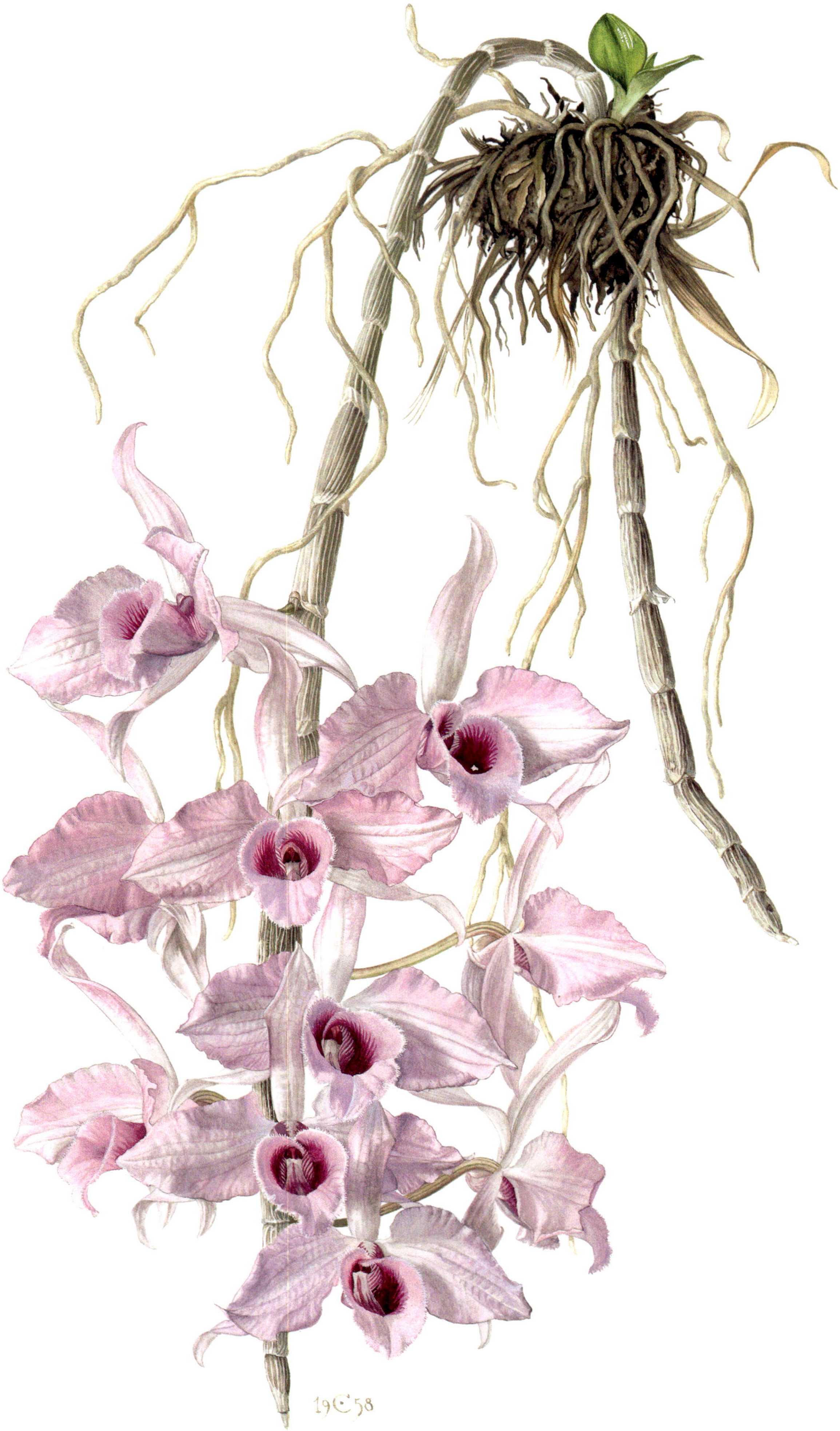

Dingel

Limodorum abortivum

Weitere Pflanzen

Stachliger Mäusedorn, *Ruscus aculeatus*
Zartblättriger Spargel, *Asparagus tenuifolius,* Jungtriebe

1980

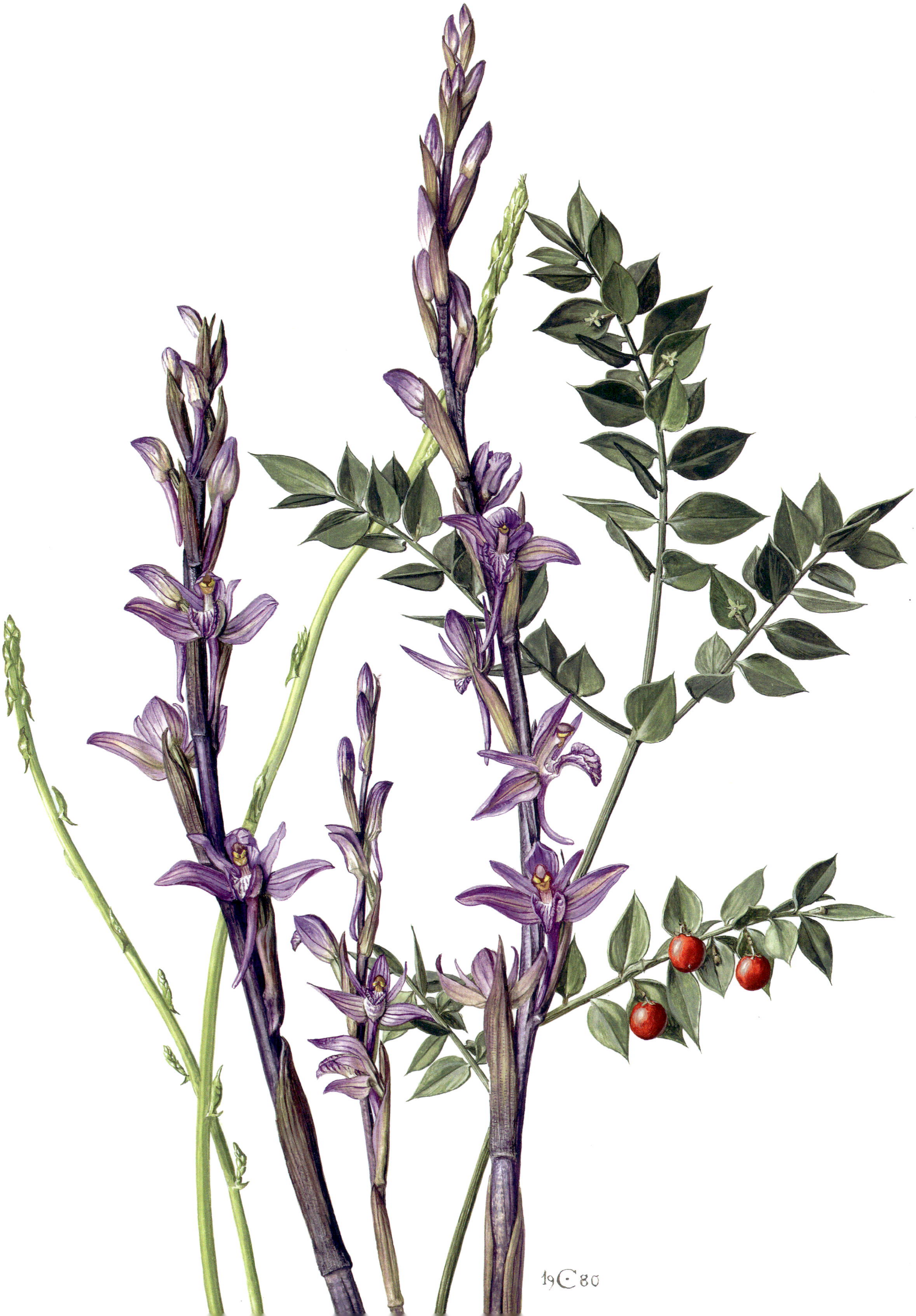
19C80

Queensland-Ruhmesblume

Clianthus dampieri (Clianthus formosus)

Botanischer Garten München-Nymphenburg, 1962

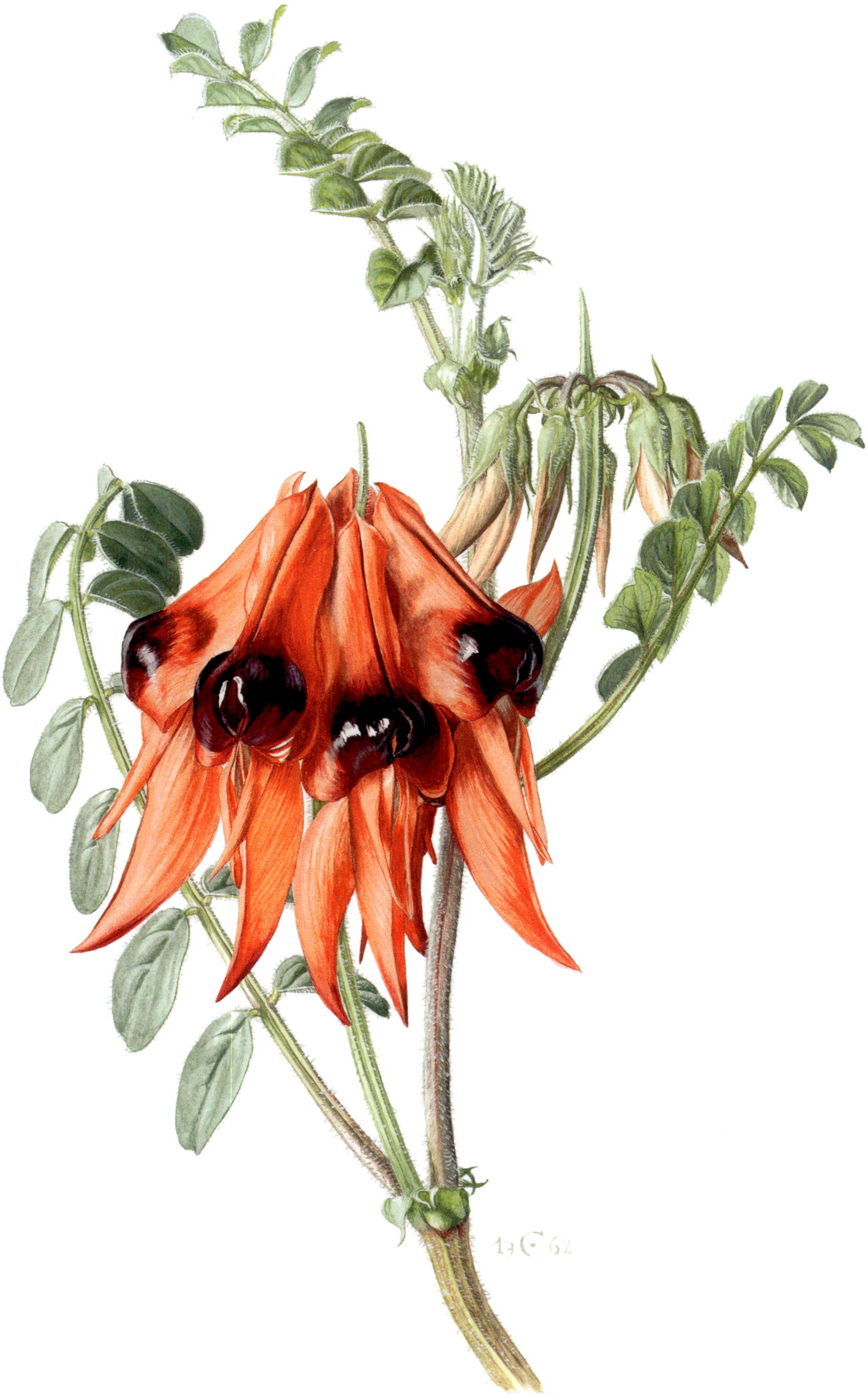

Abbildung auf dem Umschlag vorn: Blaue Passionsblume, *Passiflora caerulea*,
Botanischer Garten München-Nymphenburg, 1971
Abbildung auf dem Umschlag hinten: Wilde Blasenkirsche, Lampionblume,
Physalis alkekengi, 1961

Abbildung Seite 1: Gewöhnliche Küchenschelle, *Pulsatilla vulgaris*, Garchinger Heide, 3.4.1949
Abbildung Seite 2: Deutsche Schwertlilie, *Iris germanica*, Calmasino b. Garda, 1973

Beiliegender Kunstdruck:
Blasses und Stattliches Knabenkraut sowie Bastard,
Orchis pallens, Orchis mascula, Orchis mascula × pallens (von links nach rechts)
Weitere Pflanze: Gewöhnlicher Wundklee, *Anthyllis vulneraria*,
Hangwiese b. Erling, 21.–24.5.1978

Bibliographische Information der Deutschen Bibliothek

Die Deutsche Bibliothek verzeichnet diese Publikation
in der Deutschen Nationalbibliographie;
detaillierte bibliographische Daten sind im Internet
über http://dnb.ddb.de abrufbar.

BLV Buchverlag GmbH & Co. KG
80797 München

Umschlaggestaltung: Anja Masuch, Puchheim b. München
Umschlagmotive: Claus Caspari

Lektoratsleitung: Wilhelm Eisenreich
Lektorat: Dr. Friedrich Kögel
Herstellung, Satz und Layout: Ruth Bost

Gedruckt auf chlorfrei gebleichtem Papier

Printed in Germany
ISBN 3-405-16856-2